IRE
.21
AF404006

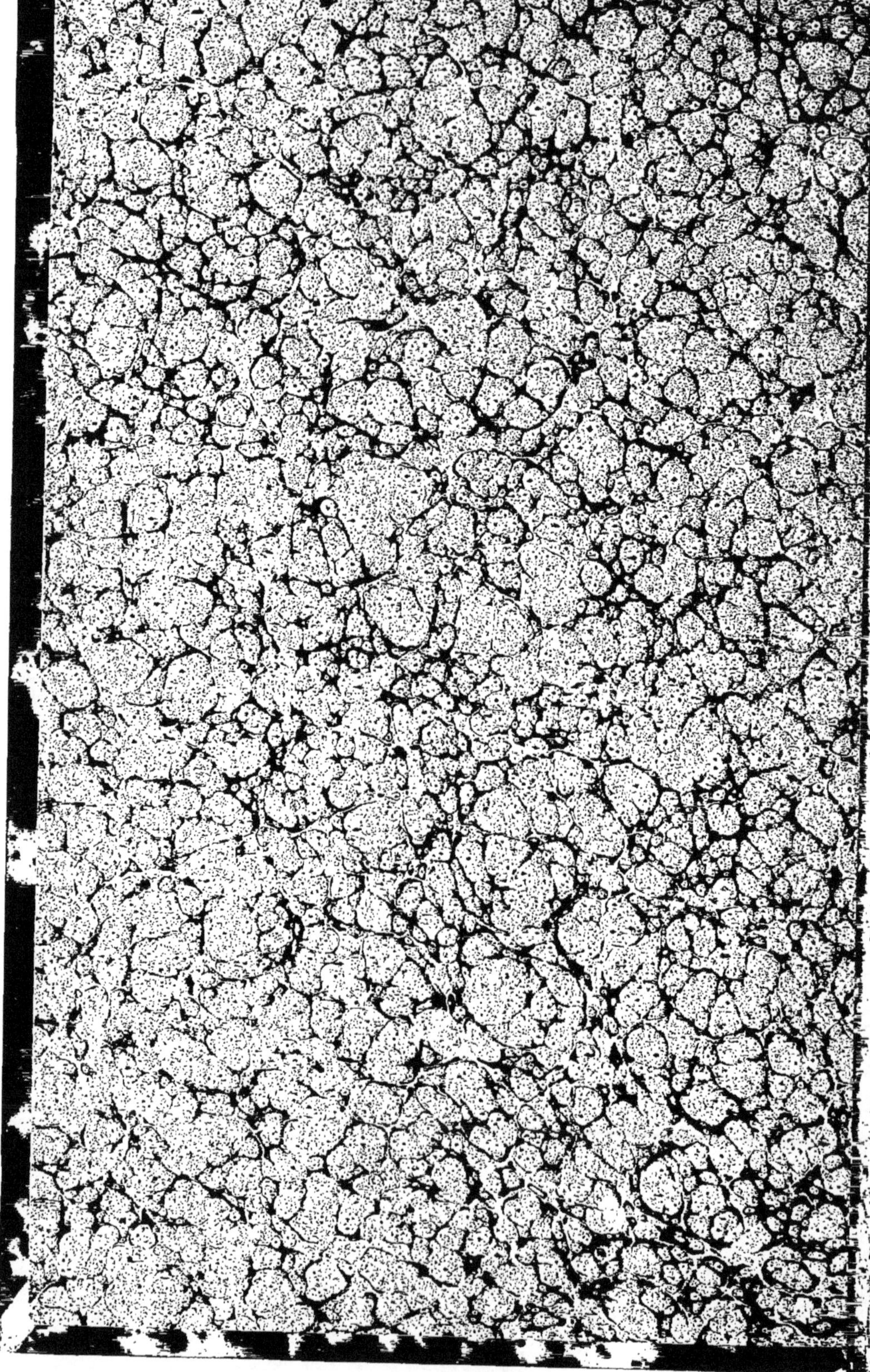

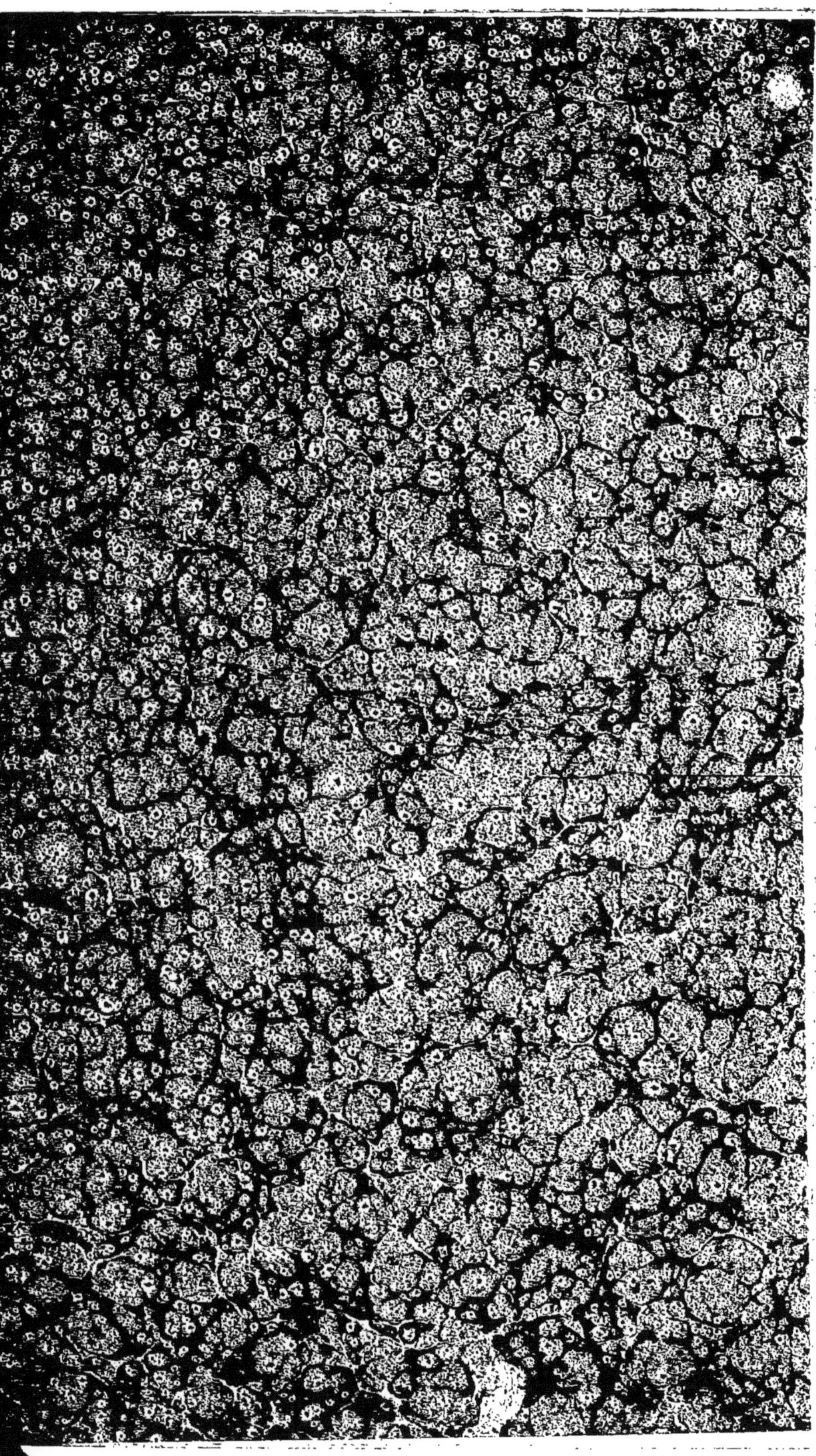

T2660.
~~P.b.t.+a.a.~~

V

C

30821

L'ART

DE TEINDRE LES CHEVEUX.

TABLEAU INDICATEUR

DES PRODUITS CONCERNANT LES CHEVEUX ET LA PEAU

Le régénérateur des cheveux
Pommade trikogène } Prix : 6 fr.
Ces deux préparations employées alternativement selon
l'ordonnance, sont infaillibles.

Eau et pommade mélanogènes. Prix : 5

Teinture hygiénique ou **pyro-gallique**, composée de 4 flacons et de deux brosses dans une boîte, teignant les cheveux en toutes nuances, depuis le *blond clair* jusqu'au noir *jais*, sans altérer nullement leur substance. Prix : 15

Pommade trikophile (amie des cheveux). Prix : 1 25

Savon liquide pour dégraisser les cheveux. Prix : 1

Savon Dermophile pour la barbe. Prix : 1 50

Brillantine. Parfum oriental pour lisser et faire chatoyer les cheveux. Prix : 1 50 et 2 50

Pommade souveraine contre la chute des cheveux; son efficacité, vraiment prodigieuse, arrête la chute en quelques jours. Prix : 3

Crème-neige. Parfum suave, supérieur à tous les cold-cream, rafraîchit et adoucit parfaitement la peau. Prix : 1 50 et 2 50

Eau chimique contre le *lentigo* ou tache de rousseur. 3

Lait d'Hébé. Cette préparation émulsive et rafraîchissante doit désormais remplacer le lait virginal et les vinaigres de toilette reconnus nuisibles à la peau. Prix : 3

Eau contre les tannes du visage. Prix : 3
Ces 4 derniers produits appartiennent à l'**Hygiène du Visage**, utile et charmant ouvrage résumant tout ce que l'art et la science ont découvert de plus efficace pour corriger les imperfections de la peau et les difformités de la face. Prix : 2 50

Paris. — Imp. de Moquet, 90, r. de la Harpe.

L'ART

DE TEINDRE SANS DANGER

LES

CHEVEUX ET LA BARBE

selon leur couleur et nuance primitives.

Formules et analyse chimique de toutes les teintures pileuses connues et secrètes.

EXAMEN DU PROCÉDÉ CHINOIS

dont il a été rendu compte à l'Institut,

ART

d'arrêter la calvitie et de régénérer les cheveux perdus depuis long-temps, par une méthode endermo-tonique dont le lecteur appréciera l'efficacité.

Par un médecin et un chimiste.

PARIS

Se vend chez **PARIS**, passage Choiseul, 25

1850

ART

De teindre les cheveux et la barbe en toutes nuances.

—

Sommaire.

—

Cette courte brochure, destinée à éclairer le grand nombre de personnes qui font usage de teintures pileuses, est en partie puisée, avec autorisation de l'auteur, dans l'excellent ouvrage intitulé *Hygiène complète des cheveux et de la barbe* par *A. Debay*(1), ouvrage qui, sous un petit volume, contient toutes les découvertes physiologiques et médicales les plus récentes, relatives à l'hygiène et aux maladies du système pileux.

Nous nous bornerons à donner, dans cette bro‑chure, l'analyse chimique des divers procédés em‑ployés pour teindre les cheveux; à signaler leurs inconvénients, leurs dangers et à indiquer lequel de ces procédés est préférable. Il sera aussi question

(1) Prix 1 fr. 25. Chez Moquet, rue de la Harpe, 90.

de la *mélanogénésie* ou art de régénérer la couleur noire des cheveux blancs, au moyen de boissons et de pommades ferrugineuses, art connu et généralement pratiqué en Chine. Enfin, nous terminons par une étude des divers traitements dirigés contre la calvitie ou chute des cheveux, et démontrons la possibilité d'une régénération plus ou moins complète des cheveux perdus depuis longtemps, lorsque, toutefois, le follicule pileux n'a pas été détruit par certaines maladies du cuir chevelu. Nous renverrons souvent les lecteurs, qui désireraient connaître à fond l'histoire physiologique et pathologique du système pileux, à l'ouvrage que nous venons de citer.

CHAPITRE PREMIER.

—

Des teintures pileuses.

—

En général, toutes les préparations dont on se sert pour teindre les cheveux sont plus ou moins dangereuses, d'abord parce qu'elles contiennent des substances mordantes, corrosives, qui dessèchent ou brûlent la tige du cheveu, et parce qu'ensuite elles peuvent altérer la peau du crâne et porter atteinte à la santé par leur absorption et leur transport dans le torrent de la circulation. Ce sont toujours des sels d'argent, de plomb, de bismuth, de mercure, des acides nitrique, sulfurique, sulfhydrique, de la chaux, de la potasse caustique, etc., etc., substances dont le nom seul suffit pour en faire apprécier les dangers. Les personnes qui, par des motifs secrets, sont forcées d'avoir recours à ces teintures, savent ce qu'il leur en coûte, et appellent de tous leurs vœux une découverte exempte d'inconvénients. On trouve dans les divers recueils de médecine et d'hygiène une multitude de faits relatifs aux accidents causés par ces sortes de teintures, et dont quelques-uns ont été consignés dans l'*Hygiène des cheveux*.

Avant de donner l'analyse chimique des diverses teintures les plus en usage, nous expliquerons sommairement pourquoi les cheveux blanchissent, c'est-à dire quelle est la cause de leur décoloration.

Il est aujourd'hui reconnu que la couleur et les diverses nuances des cheveux dépendent des proportions plus ou moins considérables de fer sulfuré que contient leur moelle. Lorsque la quantité de fer, absorbée par le bulbe pileux et transmise à la moelle, vient à diminuer, les cheveux se décolorent peu à peu (*grisonnement*) et ne tardent pas à blanchir (*canitie*).

La canitie ou décoloration des cheveux par

l'âge est un phénomène naturel ; mais la canitie survenant chez un sujet vigoureux et jeu-
ne encore reconnait, soit une cause violente
et agissant promptement, ainsi que le prou-
vent les faits assez nombreux de têtes qui ont
blanchi en quelques heures ; soit d'une maladie du pigment de la peau ou d'une affection
du cuir chevelu. Dans ces différents cas, la
canitie dépend nécessairement d'une modification vitale des bulbes pileux, modification
qui se traduit par l'inaptitude du bulbe ou
racine à pomper les molécules ferrugineuses que charrie le sang ; la racine alors élimi-
nerait ces molécules et n'absorberait que des
sucs nutritifs dépouillés de fer. Il faut croire
que quelque chose d'analogue se passe dans
la racine du cheveu, puisque l'analyse chimique ne découvre pas un atôme de fer dans les
cheveux blancs tandis qu'elle en trouve abondamment dans les cheveux noirs. Si par un
mouvement vital, cette inaptitude de la racine pileuse à absorber le fer, vient à cesser, la
recoloration des cheveux a lieu chez les sujets atteints d'une canitie prématurée ; les

exemples n'en sont point rares. Nous aurons occasion, dans le courant de cette brochure, de revenir sur cette intéressante question ; occupons-nous maintenant de la teinture extérieure, et de son action chimique sur la substance du cheveu.

Toute teinture pileuse est composée d'un ou de plusieurs sels métalliques et d'un alcali; ce dernier agent est nécessaire pour modifier l'affinité du soufre contenu dans le cheveu et le rendre colorable. Or, voici comment s'opère la coloration du cheveu par la teinture :

Les cheveux blonds et roux ne contiennent que peu de fer, mais en revanche le soufre s'y trouve en excès ; dans les cheveux blancs le fer manque complètement, et l'excès du soufre y est encore plus considérable que dans les premiers. Il résulte de cette composition, que les cheveux blonds, roux et blancs étant mis en contact prolongé avec des sels métalliques combinés à des alcalis, il se forme autour du cheveu et dans sa substance même, un sulfure d'argent, de plomb, de bismuth, de mercure etc. , selon le métal employé. La coloration est d'autant plus prompte, plus noire que la teinture est composée de sels acides et d'alcalis plus actifs. Aussi, toutes les teintures qui agissent promptement, *à la minute,* ainsi que l'annoncent les teinturiers en cheveux, la plupart fort ignorants en fait de combinaisons chimiques, toutes ces teintures sont à rejeter, car elles attaquent la substance du cheveu, la ramollissent et la dissolvent, la dessèchent et la brûlent; elles peuvent encore nuire au cuir chevelu et porter atteinte à la santé par l'absorption de leurs principes caustiques.

Maintenant que le lecteur connaît le mode d'action des teintures pileuses, nous allons mettre sous ses yeux, les diverses préparations que l'industrie exploite largement, au détriment des chevelures et barbes grisonnantes; préparations accompagnées de prospectus plus ou moins pompeux, mais dont la base est toujours un sel métallique uni à un alcali.

N° 1.

Procédé ordinaire.

Minium pulvérisé,	1 partie.
Hydrate de chaux,	4 parties.

Mélangez ces deux substances, et arrosez-les avec une solution faible de potasse, de manière à donner la consistance d'une bouillie claire.

Les cheveux sont d'abord frottés avec cette bouillie, puis recouverts avec une feuille de papier mouillée; cela fait, on enveloppe bien la tête avec un ou deux foulards, de manière à développer la température nécessaire à la combinaison. Après deux ou trois heures, on se lave avec de l'eau fortement vinaigrée, pour dissoudre la chaux et l'oxyde de plomb, qui restent attachés au corps du cheveu, et l'on termine par le nettoyage avec un jaune d'œuf.

Ce procédé serait, suivant son auteur, le moins nuisible de tous les procédés connus; ce qui ne veut pas dire qu'il soit exempt de tout inconvénient, car cette préparation est la même que celle qui endommagea si fortement le cuir chevelu du garçon épicier dont l'observation est rapportée dans l'Hygiène des cheveux citée plus haut.

N° 2

Eau de Chine.

Nitrate d'argent,	1 partie.
Chaux hydratée,	4 parties.

Faites dissoudre dans quantité suffisante d'eau et filtrez. — Cette teinture donne un noir terne à reflets rougeâtres ; elle altère le cheveu qui se dénude et rougit au bout de quelque temps.

No 3

Procédé indiqué par Berzélius.

Nitrate d'argent,	1 partie.
Chaux éteinte,	2 parties.

Broyez le nitrate et la chaux ; ajoutez un peu d'huile ou de pommade et rebroyez de nouveau, jusqu'à parfait mélange. Le corps gras a été ajouté afin de prévenir l'action noircissante du nitrate d'argent sur la peau.

Ce procédé serait moins nuisible que le précédent, mais le corps gras rend la coloration difficile, incertaine.

No 4

Pâte pour noircir les cheveux.

Extrait de l'officine de pharmacie.

Azotate d'argent,	15	grammes.
Proto-azotate de mercure,	15	id.
Eau distillée,	135	id.

Faites dissoudre, filtrez et lavez le dépôt avec quantité d'eau suffisante pour obtenir 165 grammes de soluté.

Préparez avec ce soluté et un peu d'amidon une pâte demi-liquide avec laquelle vous enduirez les cheveux. Recouvrez immédiatement la tête d'une coiffe de taffetas gommé. Cette application se fait le soir ; le lendemain on se lave les cheveux, et après les avoir séchés, on les pommade.

Cette préparation, où la pierre infernale est unie au nitrate de mercure, rudit le cheveu, le déssèche, le rend terne et cassant ; on doit la rejeter comme plus nuisible que les précédentes.

N_o 5.

Poudre dite d'Hahnemann.

Cette poudre est celle que vendent presque tous les teinturiers et teinturières en cheveux.

Litharge porphirysée,	250 grammes.
Chaux éteinte ,	125 id.
Amidon en poudre ,	65 id.

Manière de s'en servir. — Prenez suffisante quantité de cette poudre, que vous mettrez dans un vase et convertirez en bouillie avec de l'eau tiède. Appliquez cette bouillie sur les cheveux que vous recouvrirez d'un papier brouillard humide, et mettez un serre-tête de toile gommée. Au bout de quatre ou cinq heures, retirez le serre-tête et lavez les cheveux avec de l'eau vinaigrée, afin de dissoudre l'excès de chaux et d'oxyde de plomb attaché aux cheveux, séchez et pommadez.

Ce procédé, à peu près semblable au procédé ordinaire N° 1, offre l'inconvénient de vous faire passer 6 à 7 heures, la tête enveloppée de papier brouillard, de serviettes, de foulards, et celui de produire une couleur violacée, roussâtre si l'on quite le serre-tête trop tôt. Après sept heures, les cheveux sont arrivés au noir-foncé, mais on peut dire aussi qu'ils sont cuits ; car à la seconde teinture, ils se brisent juste à l'endroit où s'est arrêtée la première, et la tête n'offre bientôt plus qu'une masse de cheveux courts, inégaux, avec lesquels il est désormais impossible de construire une coiffure passable.

N° 6.

Eau d'Égypte.

Nitrate d'argent,	1 partie.
Nitrate de bismuth,	1 partie.
Sous-acétate de plomb ,	4 parties.

Dissolvez dans suffisante quantité d'eau chaude et, avec une éponge, mouillez-en les cheveux ; au bout d'une heure, trempez une autre éponge dans une eau de barèges concentrée, et promenez-la sur les cheveux. Cette dernière opération est pour noircir la couleur.

Toujours et partout des sels d'argent, de bismuth, de mercure et de plomb !

N° 7.

Teinture au plombite de chaux.

Frappé des nombreux inconvénients et des accidents occasionnés par les procédés secrets, un professeur de la faculté de médecine de Paris, a cherché à les atténuer en publiant un travail sur la coloration externe des cheveux ; après avoir décrit plusieurs procédés, il donne celui qui suit comme le plus innocent.

Sulfate de plomb,	4 parties.
Chaux hydratée.	4 id.
Eau,	50 id.

Faites bouillir pendant cinq quarts d'heures et filtrez la liqueur.

Pendant l'ébullition, la chaux s'est emparée de l'acide sulfurique et le protoxyde de plomb, mis à nu, a été dissous dans l'excès de chaux.

Manière d'opérer. — Dégraissez d'abord les

cheveux, puis humectez-les avec la liqueur filtrée qu'on a fait chauffer à 30 degrés. Trempez ensuite plusieurs feuilles de papier brouillard dans la même liqueur, et appliquez-les sur les cheveux ; cela fait, mettez un serre-tête de toile gommée. Au bout de 7 à 8 heures, les cheveux ont acquis une belle couleur noire.

Ce procédé, que nous avons scrupuleusement expérimenté, loin de fournir les résultats que lui prête son inventeur, ne donne aux cheveux qu'un noir douteux, à reflets roux qui, après quelques jours, passe au rouge brique ; de plus on y retrouve toujours la chaux et le plomb, qui ne sont rien moins qu'amis des cheveux. Malgré tout notre respect pour l'illustre professeur, nous persistons à dissuader nos lecteurs de se servir de ce moyen.

On a essayé de rendre ce procédé plus prompt, en mouillant les cheveux, après trois heures, avec le sulfure de potassium, mais la couleur obtenue a toujours été d'un noir à reflets roux.

N° 8.

Teinture unique et magnifique.

Composée par un coiffeur qui défie la chimie de l'analyser.

Une semblable étiquette ne pouvait, en effet, être élucubrée que par un coiffeur.

18

Nous avons analysé cette teinture et avons trouvé qu'elle était composée de :

Litharge,	4 parties.
Potasse caustique,	2 id.
Eau,	6 id.

Une mèche de cheveux, trempée dans cette liqueur, arriva au noir en quelques minutes ; mais, malheur à l'imprudent qui s'en sert !...les cheveux, violemment attaqués par la potasse, sont ramollis au point de s'allonger comme des filets de caoutchouc, et pour peu que les cheveux restent une minute de plus, en contact avec la *teinture unique*, ils risquent fort d'être dissous en gélatine. Les résultats de cette teinture observés sur une tête sont ceux-ci : — Les cheveux d'abord ramollis, et presque glutineux, reviennent peu à peu sur eux, après avoir été lavés à l'eau fraîche ; mais leur substance desséchée, racornie a perdu pour toujours son élasticité ; à chaque coup de peigne, les cheveux se brisent, tombent, et la chevelure est entièrement perdue.

N° 9.

Eau de Jouvence.

Teinture aussi dangereuse que la précédente.

PREMIER FLACON.

Azotate d'argent	4 p.
Eau distillée	20 p.

2ᵉ **FLACON.**

Acide sulfhydrique	50 p.
Solution de potasse	15 p.

Cette teinture adoptée par un assez grand nombre de coiffeurs parcequ'on leur faisait l'énorme remise des deux tiers de la vente, est composée de deux flacons dont l'un contient la dissolution de nitrate d'argent que nous venons d'indiquer, et l'autre de l'acide sulfhydrique avec addition de potasse.

Les cheveux sont d'abord mouillés avec la dissolution argentique ; après une heure d'action on les touche avec l'acide sulfydrique et aussitôt il se forme autour et dans l'intérieur du cheveu, un sulfure d'argent qui devient d'un assez beau noir, mais, avec reflets roux cependant. — L'action de cette teinture sur la substance pileuse est à peu près la même que celle du Nᵒ précédent. Les cheveux, attaqués violemment par l'acide sulfhydrique et par la potasse caustique, se ramollissent d'abord, puis se racornissent par le lavage, deviennent durs et cassants. On ne peut désormais se coiffer sans laisser aux dents du peigne des poignées de cheveux. —Que les personnes qui se font teindre retiennent bien cette vérité : La potasse caustique et l'hydrosulfate de soude sont, de tous les alcalis, ceux qui altèrent le plus violemment la cohésion du cheveu et détruisent le plus promptement sa substance.

N° 10.

Teinture dite anglaise

Brou de noix,	150 grammes.
Litharge,	60 id.
Chaux délitée,	50 id.

Delayez dans eau de lessive forte et enduisez les cheveux. Dans cette préparation, aussi malfaisante que les autres, la chaux et le plomb se rencontrent toujours, et le brou de noix n'a été ajouté que pour atténuer l'action de l'alcali. La coloration obtenue par ce procédé se rapproche de la couleur de suie.

N° 11.

Teinture argentique

Moins nuisible aux cheveux que les précédentes.

Préparez, d'une part, une solution très-faible d'acétate d'argent dans l'eau distillée ; préparez, d'une autre part, une solution concentrée de sulfure de potassium, également dans l'eau distillée, et servez-vous de ces deux liqueurs de la manière suivante :

Le soir, avant de vous coucher, trempez un peigne dans la première liqueur, peignez vos cheveux ; puis couvrez immédiatement la tête d'une coiffe de toile gommée.

Le lendemain matin, trempez un autre peigne dans

la deuxième liqueur, et peignez vos cheveux comme
la première fois. Enfin, pour terminer, trempez votre
1er peigne dans la liqueur argentique, et peignez de
nouveau vos cheveux. L'opération étant terminée,
essuyez bien les cheveux, et oignez-les avec de l'huile
antique ou de la pommade fraîche, pour leur donner la souplesse et le brillant.

Cette teinture aurait moins d'inconvénients que
les autres, si elle réussissait à produire la couleur
noire ; mais il arrive toujours qu'elle donne une
teinte jaunâtre. On n'obtient qu'avec peine la coloration noire, et encore est-il nécessaire de pratiquer
l'opération chaque jour jusqu'à ce qu'on soit arrivé
à la nuance désirée.

N° 12

Teinture végétale.

Un journal scientifique allemand donne la recette
suivante comme teignant en noir les cheveux blancs :

Ecorces de noix vertes,	125 grammes.
Gros vin rouge,	200 id.

Faites bouillir jusqu'à consomption d'un tiers et
ajoutez sulfate d'alumine à base de potasse. — 50
grammes. Frottez les cheveux avec cette liqueur
pendant plusieurs jours et ils acquerront une belle
couleur noire.

Les résultats de cette recette nous paraissent fort douteux, attendu que les teintures végétales ne mordent point les cheveux, même à la température de 50 degrés. Les cheveux morts que l'on teint avec la noix de Galles et le sulfate de fer exigent une ébullition prolongée.

Un confrère nous a communiqué le procédé suivant qui ne nous a point réussi.

Mouillez les cheveux, dit-il, avec une dissolution alcoolique d'acétate de plomb et après quelques heures touchez les cheveux avec eau de Barège.

N° 13.

Procédé dit Américain.

Nitrate d'argent,	1 partie.
Nitrate de bismuth,	1 partie.
Eau distillée,	6 parties.

Mouillez les cheveux avec cette solution trouble ; au bout d'une heure touchez avec acide sulfhydrique. Cette teinture est, à peu près semblable à celles portant les N°s 6 et 9 ; ses résultats et ses dangers sont les mêmes.

Chatain.

Toutes les teintures dont on s'est servi jusqu'à présent, sont impropres à produire le chatain clair, le chatain-foncé et les diverses nuances de blond. Il n'y a, en réalité, que la *teinture hygiénique*, dont nous parlerons tout à l'heure, qui puisse donner toutes ces nuances. « Lorsque vous lirez sur les affiches, prospectus et annonces de l'industrie : *Teinture en toutes nuances*, vous saurez désormais ce que cela veut dire, répondait, en riant, un habile coiffeur à un de ses clients, victime d'un prospectus, qui se plaignait d'avoir été teint en roux au lieu d'un beau blond qu'on lui avait promis.... *Teinture en toutes nuances*, ajouta le coiffeur, signifie littéralement *noir-noir terne*, *roux-foncé*, *carotte et queue-de-vache*; car depuis trente ans que j'exerce et use de toutes les teintures, je n'ai jamais pu obtenir que ces malheureuses nuances. »

Blond.

On obtient généralement un blond douteux, c'est-à-dire, tirant sur le roux, avec les mêmes poudres et dissolutions métalliques employées pour la teinture noire, seulement on les laisse moins longtemps agir sur les cheveux. Les personnes qui ont l'habitude de se teindre elles-mêmes par les procédés ordinaires, savent très bien qu'avant d'arriver au noir, les cheveux ou la barbe passent du jaune-roux au roux foncé, puis au noir. Les procédés suivants nous ont paru les moins mauvais :

N° 14

Teinture blonde.

Acétate de fer,	1 partie.
Acétate de bismuth,	2 parties.
Nitrate d'argent,	1 partie.
Eau distillée,	6 parties.

N° 15.

Autre.

Proto-chlorure d'étain,	2 parties.
Chaux hydratée,	3 parties.

Mouiller les cheveux avec l'une de ces deux préparations et, au bout d'une heure, les toucher avec un mélange de parties égales d'eau distillée et de sulfure de potassium.

Un journal de médecine et d'hygiène indique le procédé suivant comme très-bon pour teindre en blond :

N° 16

| Lupins, | 125 grammes. |
| Eau de fontaine, | 500 id. |

Faites bouillir pendant une heure puis ajoutez

| Nitrate de potasse, | 50 grammes. |

Cette formule me semble tirée d'un de ces vieux livres de secrets et ne saurait inspire aucune confiance mais au moins elle est innocente.

Pour blondir les cheveux roux.

Le professeur Orfila dit qu'une dissolution aqueuse de chlore, blondit les cheveux roux ; mais il ne faut laisser, à cette dissolution, que juste le temps nécessaire, pour opérer et laver immédiatement les cheveux à grande eau.

N° 17.

Nous empruntons au journal de chimie médicale le procédé suivant, sans toutefois en garantir la réussite.

Pour teindre les cheveux en blond.

Concassez des noix de Galles dans une cornue et distillez à sec, à une douce chaleur. Le produit sublimé de cette distillation doit être dissous dans de l'eau distillée ; la solution sera ensuite mélangée avec le produit liquide acide de la même distillation ; séparez avec soin l'huile pyrogénée qui se trouve dans le mélange, puis traitez par le charbon pour enlever la mauvaise odeur ; enfin concentrez la liqueur par l'évaporation, et étendez-la dans l'alcool.

On se sert d'une éponge ou d'une brosse pour étendre sur les cheveux ce liquide, qui leur donne une belle couleur blonde.

N° 18

Autre procédé pour le blond.

Nitrate d'argent,	2 grammes.
Sous-carbonate de bismuth,	1 id.
Sous-acétate de plomb	1 id.

Faites dissoudre par trituration dans quatre onces d'eau et appliquez sur les cheveux. Après une heure de contact remouillez les cheveux avec hydro-sulfate de soude étendu d'eau.

Tels sont les divers procédés industriels pour teindre les cheveux; procédés nuisibles, dangereux, toujours composés d'un ou de plusieurs sels métalliques et d'un alcali qui altèrent la substance pileuse; procédés imparfaits, défectueux en ce qu'ils ne donnent jamais qu'un noir roux et un blond queue de vache, selon l'expression du métier. Qu'on sache bien que la plupart de ces mèches parfaitement teintes exposées aux étalages comme échantillons, sont des mèches mortes teintes par l'ébullition, qui n'est point applicable aux cheveux vivants. — Dans cette réprobation et cette proscription générales sont comprises, sans exception, toutes les eaux, pâtes et poudres de ces habiles industriels, qui, par un luxe d'affiches, sur les murs de la capitale de prospectus et d'annonces, se sont acquis une célébrité et une fortune; car, aujourd'hui, plus que jamais, la publicité fait tout et chacun s'y laisse prendre.

Quant aux teintures composées de substances essentiellement végétales, elles n'ont aucune action à froid sur les cheveux; il faudrait, pour teindre les cheveux avec ces substances, les soumettre à une ébullition prolongée, ainsi que cela se pratique pour la teinture des laines, et ce procédé est impraticable sur une tête vivante. Nous avons expérimenté tous les végétaux susceptibles de teindre, nous leur avons même donné un alcali pour auxiliaire, sans obtenir aucun résultat satis-

faisant. Le brou de noix qui, par des frotte-
ments répétés noircit l'épiderme, est lui-mê-
me impuissant à teindre solidement les cheveux blancs. Ainsi, toutes ces prétendues
poudres végétales, sucs et décoctions d'herbes
que possèdent les Orientaux pour se teindre
le système pileux, sont de purs contes. Pendant les cinq années que nous avons passées
en Orient, nous avons effectivement vu les
coquets du pays se teindre la barbe et les fem-
mes les cheveux, avec certains végétaux; mais
ces teintures ne tiennent point, et disparais-
sent au moindre lavage, au moindre frotte-
ment d'un mouchoir. Les plantes dont se
servent les orientaux sont décrites dans *l'Hygiène complète des cheveux.*

Tous les secrets de teintures végétales pileuses ensevelies dans ces vieux grimoires du
moyen âge, et que l'on exhume de temps à
autre pour amuser le public, sont complètement stériles. On trouve cependant des au-
teurs, annoblis d'un titre académique, qui ne
craignent pas de nuire à leur réputation, en
reproduisant, comme excellentes, des vieille-
ries semblables! Évidemment ces messieurs

travaillent dans leur cabinet et ne se donnent point la peine de descendre au laboratoire. Nous donnons, comme échantillon, la recette suivante :

Prenez poudre de noix de galles 125 grammes, et faites bouillir à petit feu dans 150 grammes d'huile de noix. Retirez du feu, étendez sur un marbre et faites sécher. La masse étant sèche, pulvérisez-la dans un mortier, avec addition de 125 grammes de charbon de bois et de 25 grammes de sel de cuisine. Remettez au feu, en y ajoutant : 150 grammes de sulfate de fer ; 25 grammes de sulfate de cuivre, 125 grammes de graisse de porc et faites bouillir le tout jusqu'à consistance de pommade.

Le soir, graissez les cheveux blancs avec cette pommade, et ils acquerront en peu de temps une couleur noire magnifique.

Le perruquier le plus ignare ne composerait pas une pommade aussi indigeste, et autant vaudrait, pour le grisonnant crédule, se frotter la tête avec du vieux cambouis. Mais, laissons de côté la facétie, et reprenons sérieusement la question.

Toutes les teintures étant reconnues défectueuses ou nuisibles, il restait donc à trouver un procédé qui pût teindre solidement les cheveux sans les endommager, et qui n'offrît aucun inconvénient pour la santé. A l'exemple des professeurs Orfila et Devergie, plusieurs médecins et chimistes se mirent à l'œuvre et ne crurent pas déroger à la science, en se livrant à cette étude; beaucoup échouèrent, quelques uns n'obtinrent que des résultats forts imparfaits. M. Vimmer, après plusieurs travaux remarquables, annonça une découverte qui aplanissait toutes les difficultés. Ce savant publia dans les Annales de chimie de Berzélius (page 292, année 1846), que l'acide *pyro-gallique* étendu dans l'alcool teignait solidement les cheveux blancs en beau noir sans nullement les altérer. Aussitôt nous répétâmes l'expérience de Vimmer; mais notre espoir fut déçu; au lieu de la belle couleur noire, nous n'obtinmes qu'une faible couleur nankin; plusieurs chimistes de nos amis traitèrent l'acide pyro-gallique de toute manière, sans plus de succès. Or, il devint évident pour nous, qu'une grave erreur avait été commise dans le compte-rendu de ce procédé; erreur qui pouvait dépendre de la substitution du mot *noire* au mot *nankin*, ou de l'omission d'une substance indispensable devant être combinée à l'acide pyro-galligue, et sans laquelle point de résultat. Nous recommençâmes donc nos recherches.

Après plusieurs années de travaux opiniâtres et d'innombrables expériences, le succès a couronné complètement nos efforts. Le nom de *teinture hygiénique* a été donné à cette précieuse découverte, que plusieurs journaux ont déjà signalée comme le procédé par excellence. L'épithète lui est parfaitement applicable, parce qu'en effet, loin d'altérer le cheveu, ainsi que le font toutes les autres teintures, sans exception, celle-ci les conserve, les assouplit, leur donne des reflets doux et soyeux. De plus, elle jouit de la vertu d'arrêter presqu'instantanément la chute, en tonifiant le cuir chevelu et imprimant au bulbe pileux une vitalité nouvelle. La *teinture hygiénique* n'incruste point le cheveu, ne brûle point sa moelle comme les autres teintures ; son action colorante se borne à l'enveloppe du cheveu, la moelle reste intacte ; c'est pourquoi les cheveux teints par ce procédé, conservent leur souplesse, leur élasticité naturelle et ne se brisent jamais. Les cheveux teints par les procédés, dont nous avons précédemment donné l'analyse, offrent toujours une couleur terne, plombée des plus désagréables ; il est besoin de les oindre abondamment de pommade pour leur donner un reflet douteux. Avec la teinture hygiénique, la pommade n'est point indispensable ; plus on brosse les cheveux, plus ils deviennent doux et luisants ; si, après les avoir brossés, on les frotte avec un peu de pommade dite *brillantine*, alors ils acquièrent le chatoiement des plus soyeuses chevelures. Mais la propriété la plus remarquable, et vraiment merveilleuse de la teinture hygiénique, est celle de produire toutes les nuances, depuis le blond d'enfant jusqu'au noir jais. M. *Paris*, coiffeur aussi intelligent qu'adroit, fait l'application de cette teinture avec des succès inouis ; les personnes qui jusqu'ici n'avaient pu obtenir le blond vrai, le blond sans reflets roux, sortent de ses mains enchantées, ravies de reparaître dans le monde avec la chevelure blonde de leur jeunesse.

M. *Paris* possède des échantillons de cheveux de nuances graduées qui font l'admiration des connaisseurs. On y voit des couleurs noires, chatain-foncé, chatain-clair, blond-clair et des blonds cendrés si parfaitement imités qu'on les croirait empruntés aux plus magnifiques chevelures. Enfin, cette teinture qui se fait à froid, en moins de deux heures, à l'air libre, sans cet affreux entourage de papier brouillard, de feuille de choux, de coiffe gommée, de serviettes, de foulards, etc., vrai supplice de patient, cette teinture si supérieure aux autres et d'une si facile application, est appelée à un succès européen lorsque la publicité et l'expérience en auront fait connaitre les immenses avantages.

CHAPITRE II.

Mélanogénésie ou régénération des cheveux blancs chez les Chinois.

Le 21 juin 1847 un savant orientaliste, M. Stanislas Julien faisait à l'Institut de France, la communication suivante :

« . . . . . . Les Chinois ont su atteindre et
» transformer, au moyen de médicaments et d'une ali-
» mentation particulière, le liquide qui colore le sys-
» tème pileux, et donner aux cheveux blancs et roux
» une teinte noire qui se maintient pendant leur accrois-
» sement continuel, jusqu'à la vieillesse, qui vient les
» faire blanchir et tomber. M. Imbert, aujourd'hui
» évêque en Chine, offre, au témoignage de M. l'abbé

» Voisin, l'un des directeurs actuels des missions étran-
» gères , une preuve vivante de la coloration interne
» des cheveux. C'est par ce moyen que les Chinois , en
» corrigeant ainsi les écarts de la nature , peuvent se
« dire, depuis la plus haute antiquité , *le peuple aux*
« *cheveux noirs.* »

(Séance du 24 juin 1847.)

Ce peu de mots prononcés, en séance so-
lennelle, devant les premiers savants du
pays, ne laissent aucun doute sur la vérité
du fait. Mais par quels moyens opèrent les
Chinois? Quelles substances emploient-ils
dans leurs aliments et boissons ? C'est ce que
nous saurons plus tard, en attendant, rappor-
tons un autre fait :

Un naturaliste français âgé de 40 ans, et
déjà grisonnant, se trouvait dans la ville de
Canton, lorsque l'évêque Imbert offrit la merveilleuse métamorphose d'une tête à cheveux
roux ardents en une tête à beaux cheveux
noirs. Désireux de redevenir noir, le naturaliste alla consulter un lettré chinois qui l'a-
dressa aux hommes spéciaux, possesseurs
du secret; ceux-ci le mirent au régime mélanogénésique, et, au bout de quelques mois,

tous ses cheveux blancs avaient disparu, la régénération de la couleur noire était complète.

Le naturaliste prodigua son or pour acheter cet important secret; mais les Chinois, qui sont les plus fourbes des hommes, lui donnèrent une formule qui fut expérimentée plus tard, sans succès. Cependant, ce que rapporte le naturaliste du traitement qu'il a subi, n'en reste pas moins acquis à la science.

« On me faisait boire tous les matins, raconte-t-il, une tasse pleine d'un liquide qui laissait à la bouche une saveur astringente et un goût de fer; puis on me frottait la tête avec une espèce de pommade et une eau puante qui noircissait légèrement la peau. »

Le traitement mélanogénésique proposé par l'auteur de l'Hygiène des cheveux, et auquel il vient d'être fait d'importantes modifications, se compose de ferrugineux et d'astringents. Il est étonnant, dit cet auteur, que les physiologistes qui ont expérimenté et réussi à colorer en rouge les os des animaux vivants, en leur faisant manger de la garance; à rendre aurore le plumage blanc des oies, en

leur donnant à manger de la chair de poisson ;
à brunir la robe des serins et les ailes du
chardonneret, en nourrissant exclusivement
ces oiseaux avec du chenevis ; il est étonnant,
dit-il, que les physiologistes n'aient pas son-
gé à colorer en noir, par la même voie, les
cheveux blancs ; ils auraient probablement
réussi.

Nous avons démontré dans le chapitre précédent que la *canitie* ou décoloration des
cheveux dépendait de l'absence complète des
molécules ferrugineuses dans leur moelle ;
nous venons d'apprendre du naturaliste qui
s'est soumis au traitement chinois, que les
boissons qu'on lui donnait, avaient un goût
de fer ; ces deux circonstances réunies parlent
fortement en faveur du traitement ferrugineux, qui, hormis les cas de pléthore, ne peut
qu'être favorable à la constitution. Le fer
peut se prendre sous les deux formes liquide
et solide, c'est-à-dire en aliments et en boissons : l'eau et le vin ferrés, le lactate de fer,
les limonades au citrate de fer, etc. ; en pilu-
les, pastilles, chocolat, etc. Sous l'influence
tonique de ce traitement, la vitalité languis-

sante des bulbes pileux reprend une nouvelle énergie; les racines pompent les atômes de fer que le sang charrie, et les cheveux qui étaient sur le point de blanchir, conservent leur couleur. Voici, du reste, un exposé du traitement mélanogène, dont les curieux et très intéressants détails se trouvent dans *l'Hygiène complète des cheveux* déjà citée.

Traitement mélanogène.—Sans nullement se déranger de sa manière de vivre habituelle, on commence par se mettre à l'usage des ferrugineux, n'importe sous quelle forme. On boira chaque jour un tasse de thé, au moins; on peut remplacer le thé par une infusion de chicorée sauvage, ou de toute autre plante contenant du tannin. Les confitures de coings, de prunes, les asperges, artichauds, etc., sont aussi recommandés. Les personnes qui aiment la salade dite *barbe de capucin*, feront bien d'en manger, assaisonnée avec de l'huile de chenevis, s'il est possible.

Après quinze ou vingt jours de ce régime, on commence le traitement extérieur modifié ainsi qu'il suit :

PROCÉDÉ MÉLANOGÈNE,

Modifié de manière à colorer les cheveux extérieurement,

Dans le cas où la coloration n'aurait point lieu par la racine.

1° Dégraisser les cheveux avec parties égales d'eau chaude et de savon à l'alcool indiqué à la page d'annonces.

2° Le dégraissage opéré et les cheveux étant bien secs, oignez-les de pommade mélanogène, autant qu'ils en peuvent prendre, puis couvrez la tête d'une coiffe gommée.

Après une, deux ou trois heures, selon la saison, trempez une brosse ou une éponge dans l'eau mélanogène, et mouillez exactement les cheveux ; au bout de dix minutes, brossez, lavez et essuyez les cheveux.

A chaque opération semblable, s'ils ont été bien dégraissés, les cheveux revêtent une teinte plus foncée : à la première opération ils deviennent blonds, à la seconde blond-cendré, à la troisième chatain-clair, à la quatrième chatain-foncé, à la cinquième ils sont noirs. On peut obtenir les cheveux noirs en un seul jour, si l'on veut répéter l'opération d'heure en heure jusqu'à cinq fois.

Cette manière de recolorer les cheveux est exempte des dangers qu'offrent toutes les teintures usitées, dont le moindre inconvénient est de brûler les cheveux, hormis la teinture hygiénique qui, de même que le procédé mélanogène, loin de les altérer, les rend plus soyeux et plus brillants.

Nota. Il est nécessaire de prendre un gant imperméable pour ne point se tacher la peau, ou bien d'étendre la pommade avec une brosse.

Nous ferons observer ici que ce traitement externe n'est plus le même que celui indiqué dans la première édition de l'Hygiène des cheveux. L'ancienne pommade mélanogène offrait de grands inconvénients pour la propreté de la tête, signalés par les personnes qui en ont fait usage. De plus, l'absorption de cette pommade, condition *sine qua non* de succès, était fort difficile, toujours imparfaite et presque nulle chez la plupart des individus, d'où la stérilité du traitement. Une importante modification a donc été faite ; on a substitué à l'ancienne pommade qui graissait et poissait les cheveux, une nouvelle pommade, exempte de ces inconvénients, et qui offre deux chances de succès : l'une toujours certaine, l'autre plus ou moins variable; c'est-à-dire, que dans le cas où la coloration interne ferait défaut, la coloration noire externe du cheveu ne peut manquer d'avoir lieu. Enfin, l'eau mélanogène, dans laquelle il entre un peu d'eau de Barèges, est un des meilleurs topiques du cuir chevelu; elle arrête promptement la chute des cheveux et en favorise la pousse. Déjà un grand nombre de personnes ont signalé cette propriété de l'eau mélanogène; une dame, entre autres, nous prie d'insérer ici que trois lotions de cette eau lui ont arrêté une chute opiniâtre de cheveux qui durait depuis plusieurs mois et menaçait de la rendre complétement chauve. On peut dire que le hasard fait découvrir bien des choses, car l'inventeur de cette eau ne se doutait nullement de sa prodigieuse efficacité contre la chute.

Nous consignerons ici les observations faites sur une foule de personnes qui se sont soumises au traitement mélanogène. Voici ce qu'écrit l'auteur de ces observations :

Le traitement mélanogène n'a point fourni les magnifiques résultats que nous en attendions ; cependant, la plupart des sujets qui s'y sont soumis avec persévérance, ont offert des phénomènes physiologiques fort intéressants pour la science.

1º Dans tous les cas observés, le traitement-ferrugineux a imprimé une impulsion favorable à la croissance des cheveux, surtout chez les sujets où elle était languissante,

2º L'eau mélanogène employée seule en lotions, a obtenu un prompt succès, dans un grand nombre de cas de chute opiniâtre de cheveux qui avait résisté à divers traitements médicaux.

3º Sous l'influence du traitement ferrugineux, les cheveux blancs de plusieurs têtes grisonnantes sont tombés sans qu'aucun cheveu noir participât à cette chute. Ce phénomène, dont on trouve l'explication dans l'Hygiène des cheveux, a vivement inquiété les sujets qui avaient plus de cheveux blancs que noirs ; mais ces inquiétudes se sont évanouies au bout de quelques semaines, par l'apparition d'une nouvelle pousse de cheveux légèrement colorés.

4º La tête des personnes qui ont subi le traitement mélanogène, offre souvent cet autre phénomène ; les cheveux blancs qui s'efforcent de pousser parmi les noirs, n'arrivent j'amais qu'à l'état d'embryon, c'est-à-dire courts, petits, très frèles et non viables, par la raison que les cheveux noirs, plus vigoureux, absorbent presque tous les sucs nutritifs, au détriment des petits cheveux blancs qui, privés de nourriture, languissent, se déssèchent et tombent d'eux-mêmes.

5° Deux sujets seulement ont obtenu une régénération brune ; ces deux sujets étaient convalescents d'une longue maladie, et l'on sait que plus on est faible plus l'absorption est énergique.

6° Enfin, dans tous les cas observés le traitement ferrugineux a été favorable aux cheveux et aux constitutions débiles.

CHAPITRE III.

Trikogénie ou art de régénérer les cheveux.

La chute des cheveux reconnait diverses causes, les unes internes, les autres externes. Les premières se lient à certaines maladies organiques, ordinairement graves, qui réagissent sur le cuir chevelu, et y produisent une congestion ou un appauvrissement de la circulation folliculaire; les secondes, nommées aussi locales, dépendent de plusieurs affections de la peau, telles que les leucopathies, les syphilides, la lèpre, les différentes espèces de teignes et de dartres; un cuir che-

velu trop gras ou très maigre; les tiraille-
ments continuels des cheveux, les fortes con-
tusions, plaies, blessures, ulcères, et généralement tout ce qui peut léser le follicule
pileux, soit directement soit indirectement.
On voit, d'après les causes que nous venons
d'énumérer, que la calvitie appartient tantôt
à la médecine interne et tantôt à la médecine
externe ou topique. Dans la grande majorité
des cas, la cause de la chute étant locale, le
remède existe dans les applications externes,
et rentre naturellement dans le domaine de
l'hygiène; dans le petit nombre de cas pure-
ment médicaux, le traitement externe devient
encore indispensable, comme auxiliaire du
traitement interne; c'est ce que nous démon-
trerons avec précision et clarté.

A mesure que l'instruction fait des progrès
et se généralise en France, les classes moyen-
nes de la société aiment à lire, et, en lisant
s'instruisent; les gens du monde surtout
accueillent avec empressement les livres où
la science est mise à leur portée, et ils ont
raison, parceque les connaissances qu'ils y
puisent les mettent en garde contre cette im-

mense quantité de prospectus menteurs et de prétendus spécifiques, dont le moindre défaut est de ne pas guérir, car bien souvent ils sont nuisibles. C'est donc à la classe intelligente que nous nous adressons, c'est à elle que nous voulons démontrer que la régénération des cheveux est non seulement possible, mais qu'elle est presque certaine par le traitement que nous allons indiquer, hormis les cas exceptionnels. Or, pour prouver ce que nous avançons, il est besoin de mettre sous les yeux du lecteur quelques vérités anatomiques et physiologiques concernant le système pileux en général.

Composition des cheveux et poils. — Le cheveu se compose de trois parties distinctes :

1° Le *follicule*, espèce de petit sac à deux ouvertures, l'une supérieure pour laisser sortir la tige du cheveu, l'autre inférieure pour laisser passer sa racine. Le follicule s'organise dans la couche profonde de la peau : il est, végétativement parlant, la graine du poil.

2° Le *bulbe* est produit par la sécrétion du

follicule, il en sort comme le germe sort d'une graine quelconque, avec cette différence qu'on peut l'arracher, sans détruire la fécondité du follicule qui reproduit un nouveau bulbe, quand l'ancien n'existe plus. — C'est sur cette faculté positive du follicule de sécréter un nouveau bulbe, qu'est basé le traitement trikogénique ou régénérateur dont nous allons parler. (Voyez dans l'Hygiène des cheveux, les curieuses expériences qui ont été faites sur l'arrachement et la reproduction des poils et cheveux.)

3° La *tige*, c'est-à-dire le cheveu ou poil proprement dit. Cette partie du cheveu n'est jamais affectée de maladie, excepté dans le cas unique de la plique polonaise, où la tige du cheveu laisse transuder une humeur sanguinolente.

A ces données anatomiques nous joindrons les études suivantes, faites sur la peau du crâne de sujets, morts à l'âge de cinquante ans et chauve depuis quinze ans : des lambeaux du cuir chevelu, aussi lisses qu'une lame d'ivoire, enlevés à ces cadavres et soumis à une macération de 8 à 10 jours, ont of-

fert à l'œil armé du microscope, tous les follicules pileux pressés les uns contre les autres
et parfaitement intacts. Chaque follicule
était pourvu d'un bulbe dont la tige sortait
par l'ouverture supérieure du follicule.

Cette tige, semblable à un duvet par son
extrême finesse et n'ayant pas la force de
percer l'épiderme durcie du crâne, restait
emprisonnée dans l'épaisseur de la peau. Devant ces vérités anatomiques, il ne peut désormais rester aucun doute, dans l'esprit du
lecteur sur la possibilité de la régénération
du cheveu ou trikogénie.

Mais ces connaissances anatomiques et physiologiques ne suffisent pas au praticien qui
se livre à l'art trikogénique; l'étude appro-
fondie des diverses maladies de la peau lui
est encore indispensable, pour établir son
traitement d'après un diagnostic sûr; pour le
diriger, le modifier selon les circonstances et
désobstruer enfin les conduits pilifères où
les cheveux languissent emprisonnés.

Une erreur commune à beaucoup d'au-
teurs qui ont écrit sur la calvitie et aux pra-

ticiens qui la traitent, est de toujours diriger la médication sur le bulbe pileux, et de ne pas donner assez d'attention au cuir chevelu, ou de ne traiter ce dernier que secondairement. C'est tout justement à l'inverse qu'il faut procéder : traiter d'abord la peau et agir ensuite sur le bulbe et le follicule du cheveu. En effet, il est très facile de comprendre qu'une peau, dépouillée de sa toison, lisse et durcie depuis longues années, donnant au crâne l'aspect d'un genou, s'oppose à la sortie des cheveux qui s'efforcent vainement de la percer. Il est donc indispensable de commencer par modifier l'état de la peau, d'ouvrir les vaisseaux absorbants qui se trouvent obstrués, depuis un temps plus ou moins long, pour y faire pénétrer les substances toniques aptes à exciter le bulbe et à tirer le follicule de son état de langueur. Cette modification de la peau du crâne, par le traitement *trikogène*, s'étend aussi aux *conduits pilifères* qui ont besoin d'être dilatés, afin que la tige du cheveu puisse s'y engager, les traverser librement, et sortir sans obstacle. Sans nous arrêter aux diverses calvities, traitées *ex professo* dans *l'Hygiène des cheveux*, sans nous arrêter, non plus, aux nombreux traitements dirigés contre elles, nous passerons de suite à la description du traitement trikogène, le plus complet, le plus efficace de tous, et qui ne compte que des succès.

De la chute des cheveux par cause locale, les sujets étant en bonne santé.

L'observation de dix mille cas de chutes de cheveux, chez des personnes de 20 à 40 ans, dont le cuir chevelu n'offrait aucune trace de maladie, nous a nettement démontré que la calvitie dépendait chez les uns, d'un excès de graisse agglomérée sous le cuir chevelu; chez les autres d'un excès contraire, c'est-à-dire de la maigreur et de la sécheresse de la peau du crâne.

Pour les sujets à cuir chevelu gras, on doit exclure du traitement toute espèce de

corps gras et ne faire usage que de lotions as-
tringentes et siccatives. — Pour les sujets à cuir
chevelu maigre ce sont au contraire, des onc-
tions avec des pommades fraiches et légèrement excitantes qui conviennent.

La *lotion contre la chute*, et la *pommade
souveraine* indiquées au commencement de
la brochure sont des moyens dont l'emploi
est toujours suivi de succès. Lorsque la chute est arrêtée, ce qui arrive le second ou le
troisième jour, la pommade *trikophile* ou
amie des cheveux est d'une efficacité désormais réconnue pour entretenir la souplesse
de la peau et du cheveu.

TRAITEMENT TRIKOGÈNE.

Action physiologique du liquide ré-générateur et de la pommade trikogène.

L'épiderme du cuir chevelu est composé
de deux feuillets, dont le premier se détruit,

se renouvelle incessamment, et forme ces pellicules ou farines qui salissent les cheveux. Ce feuillet s'insinue dans les conduits pilifères et les obstrue, c'est-à-dire s'oppose à la sortie de la tige du cheveu, qui reste à l'état de duvet dans l'épaisseur de la peau. Le liquide régénérateur possède la propriété d'enlever ce feuillet épidermique, de désobstruer les pores, et, par voie d'absorption, de neutraliser les virus dartreux, syphilitique, scrofuleux, etc., qui sont ordinairement cause des diverses calvities et alopécies de l'âge mûr.

Le *liquide régénérateur* a été substitué à l'eau émétisée, conseillée dans la première édition, parceque cette eau a été souvent infidèle, tandis que le régénérateur n'a pas encore trompé l'attente des nombreuses personnes qui en ont fait usage.

La *pommade trikogène*, supérieure à toutes les pommades régénératrices, sans exception, développe une légère excitation de la peau active la circulation folliculaire, réveille les bulbes languissants, et les force à pousser une tige. Voici la manière de se servir de ces deux agents dont le succès a toujours couronné l'attente des personnes persévérantes.

1er *jour*. — Imbiber une éponge ou un linge d'eau chaude, dans laquelle on jette quelques grammes de carbonate de potasse, et en frotter la peau chauve afin de la dégraisser et l'assouplir. Le *savon liquide*, indiqué en regard du titre de cette brochure, remplace avec avantage le carbonate de potasse ; il suffit de le mélanger à volume égal d'eau chaude, pour dégraisser parfaitement le cuir chevelu.

Le dégraissage opéré, la partie essuyée et séchée, on trempe une fine éponge ou un linge dans le liquide régénérateur, et l'on en frotte la peau jusqu'à ce qu'elle soit entièrement colorée en brun-rouge ; puis l'on met un bonnet, un serre-tête, ou une calotte. Les personnes qui portent perruque ou toupet peuvent s'en servir en remplacement de serre-tête. Cette petite opération doit être renouvelée deux ou trois fois, le premier jour.

L'application du liquide régénérateur est

efficace lorsqu'elle produit une légère irritation du cuir chevelu et détache le feuillet su-
perficiel de l'épiderme. La destruction de ce
feuillet, ordinairement dur et luisant, est nécessaire pour modifier l'état de la peau et
préparer les conduits pilifères à l'absorption
de la pommade trikogène. La tache faite à la
peau par le régénérateur s'enlève très-facile-
ment avec un peu d'eau de javelle, de lessive, ou avec le savon liquide déjà mentionné.

2e *jour.* — Renouveler les lotions avec le
liquide régénérateur, ayant soin de les couper
d'eau, s'il causait une irritation trop vive, et
continuer ainsi les jours suivants jusqu'à
destruction du feuillet épidermique : cette
destruction s'annonce ordinairement par la
chute d'une poussière blanchâtre, lorsqu'on
opère des frictions sèches sur la partie chauve; c'est alors qu'on doit commencer les frictions avec la pommade trikogène.

Manière d'opérer les frictions. On prend
gros comme une petite noisette de pommade,
un peu plus, un peu moins, selon l'étendue
de la calvitie; on l'étend sur la peau dépilée

et, avec la paume de la main, ou la pulpe des doigts, on frictionne, pendant quelques minutes, dans le sens de la direction des cheveux. Après les frictions, qui se font ordinairement le soir, on recouvre la tête d'un serre-tête ou d'un bonnet de toile gommée. Ce bonnet, s'opposant à la perte de la transpiration, produit sur la peau du crâne l'effet d'un bain local de vapeur, pendant lequel les vaisseaux absorbants entr'ouverts pompent la pommade et en distribuent les molécules aux follicules pileux.

Jours suivants. — Avant de pratiquer la lotion avec le liquide régénérateur, on n'oubliera point qu'il est nécessaire de laver, chaque fois, la partie, avec parties égales d'eau et de *savon liquide*, afin de la débarrasser de l'enduit gras dont les frictions de la veille l'ont recouverte. Ce n'est qu'après avoir dégraissé, lavé et essuyé la peau, qu'on doit pratiquer les lotions. De même, avant de commencer les frictions avec la pommade trikogène, il est également nécessaire de laver la partie avec le savon liquide, pour enlever la couche jaunâtre déposée par le régénérateur ; plus la peau est purgée de toute impureté épidermique, mieux elle absorbe, et plus sont nombreuses les chances de succès.

Les lotions se font ordinairement le matin et les frictions le soir, au moment de se coucher, parcequ'on garde jusqu'au lendemain la coiffe de toile gommée. La vaporisation de la transpiration étant interceptée par cette coiffe et le cuir chevelu se trouvant, toute la nuit, dans une espèce de bain de vapeur, les follicules et bulbes pileux en éprouvent une excitation très favorable au développement de la tige du cheveu. Les personnes qui préfèrent exécuter le traitement pendant le jour, peuvent pratiquer les frictions avec la pommade, quelques heures après les lotions, mais en ayant soin toutefois de bien nettoyer la partie avant de commencer.

On continue chaque jour exactement les mêmes manœuvres, jusqu'à ce qu'une légère végétation se développe sur le cuir chevelu ; ce qui arrive ordinairement du 25ᵉ au 30ᵉ jour.

Si, dans le cours du traitement, le cuir chevelu devenait le siège d'une irritation, il faudrait cesser aussitôt le traitement excitant et le remplacer par des lotions émollientes d'eau de guimauve. L'irritation dissipée, on continuera comme précédemment.

Les premiers cheveux sont d'une finesse extrême; il est urgent de les raser avec un excellent rasoir dès qu'ils ont atteint la longueur de quelques lignes, et de renouveler cette coupe de huit en huit jours, jusqu'à ce que la tige du cheveu ait acquis du corps et de la force. Huit à dix tonsures semblables sont nécessaires pour obtenir une pousse vigoureuse et complète.

Telles sont les bases et moyens de la trikogénie, art généralement exploité par des gens étrangers à la science, dont les insuccès, et quelquefois les résultats funestes, ont inspiré au public une légitime défiance. En effet, si l'on jette les yeux sur la page d'annonces d'un journal quelconque, le mot CHEVEUX, écrit en gros caractères, s'y trouve répété vingt fois au moins. Ce ne sont jamais des livres que désignent ces annonces, ce sont toujours des *SPÉCIFIQUES sûrs, infaillibles, uniques, héroïques, etc*. Amorcé, séduit par ces brillantes épithètes, vous achetez le spécifique, et vous vous en frottez la tête pendant 15, 20, 30 et 40 jours, soutenu par l'espoir; mais le succès se faisant toujours attendre, l'espoir vous abandonne, vous devenez incrédule à votre tour. De ce moment, lorsque de semblables annonces viennent frapper vos regards, vous les détournez en murmurant le mot de charlatan, et vous avez bien raison.

C'est ce triste état de choses qui fait que les gens de l'art, craignant le ridicule et l'épithète injurieuse de charlatan, ne s'occupent nullement de cette importante question et la laissent à des mains ignorantes. Espérons que la trikogénie, dont nous posons les éléments, rentrera un jour dans le domaine de la médecine, et qu'elle aura ses hommes spéciaux. Alors on trouvera des trikogénistes expérimentés de même qu'on trouve des oculistes, des dentistes etc. On guérira la calvitie de même qu'on guérit les autres maladies; alors le nombre des têtes chauves et grisonnantes avant l'âge, qui est si grand aujourd'hui, diminuera, se restreindra de plus en plus; c'est ce que nous souhaitons, ce que nous appelons de tous nos vœux.

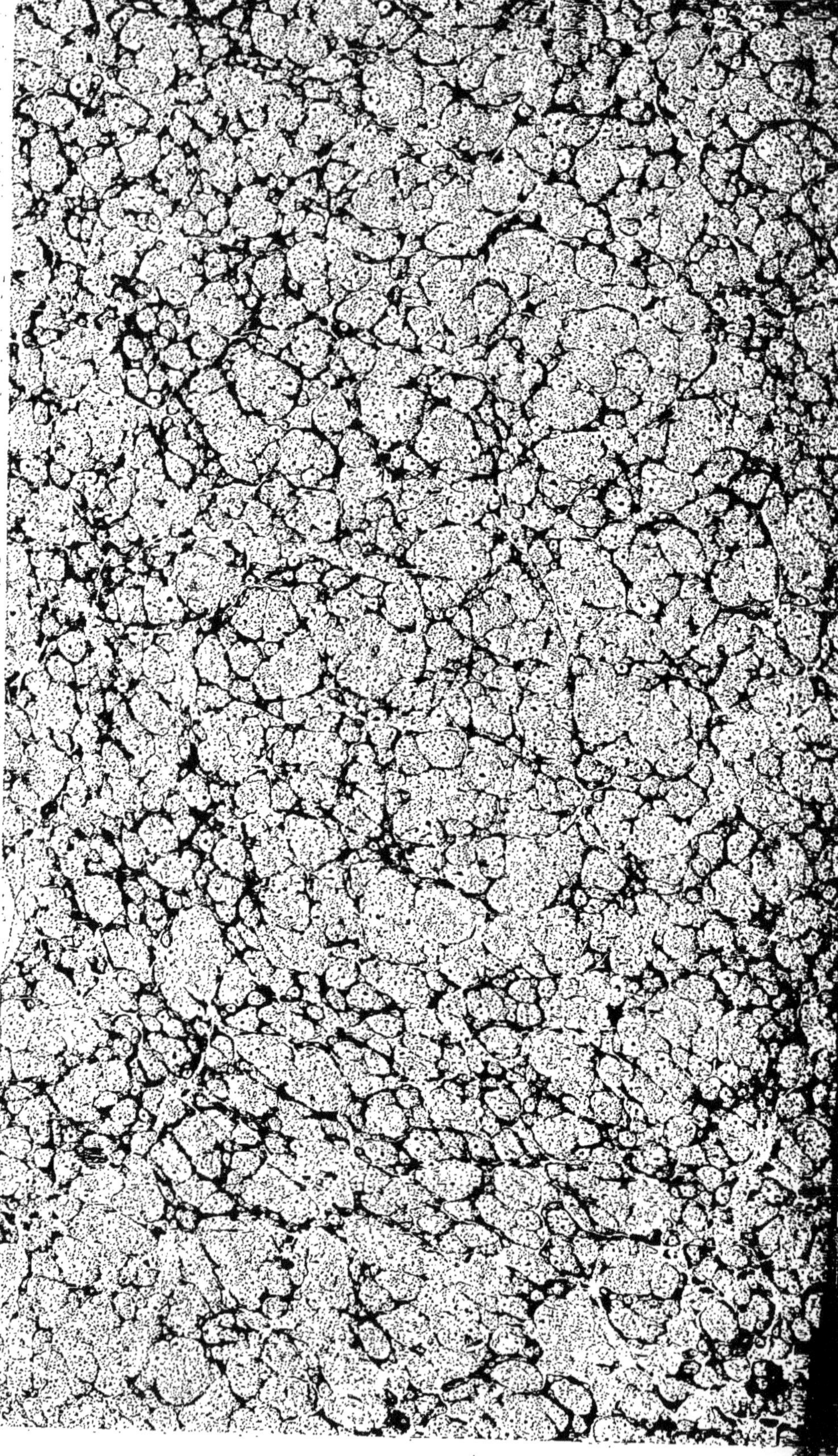

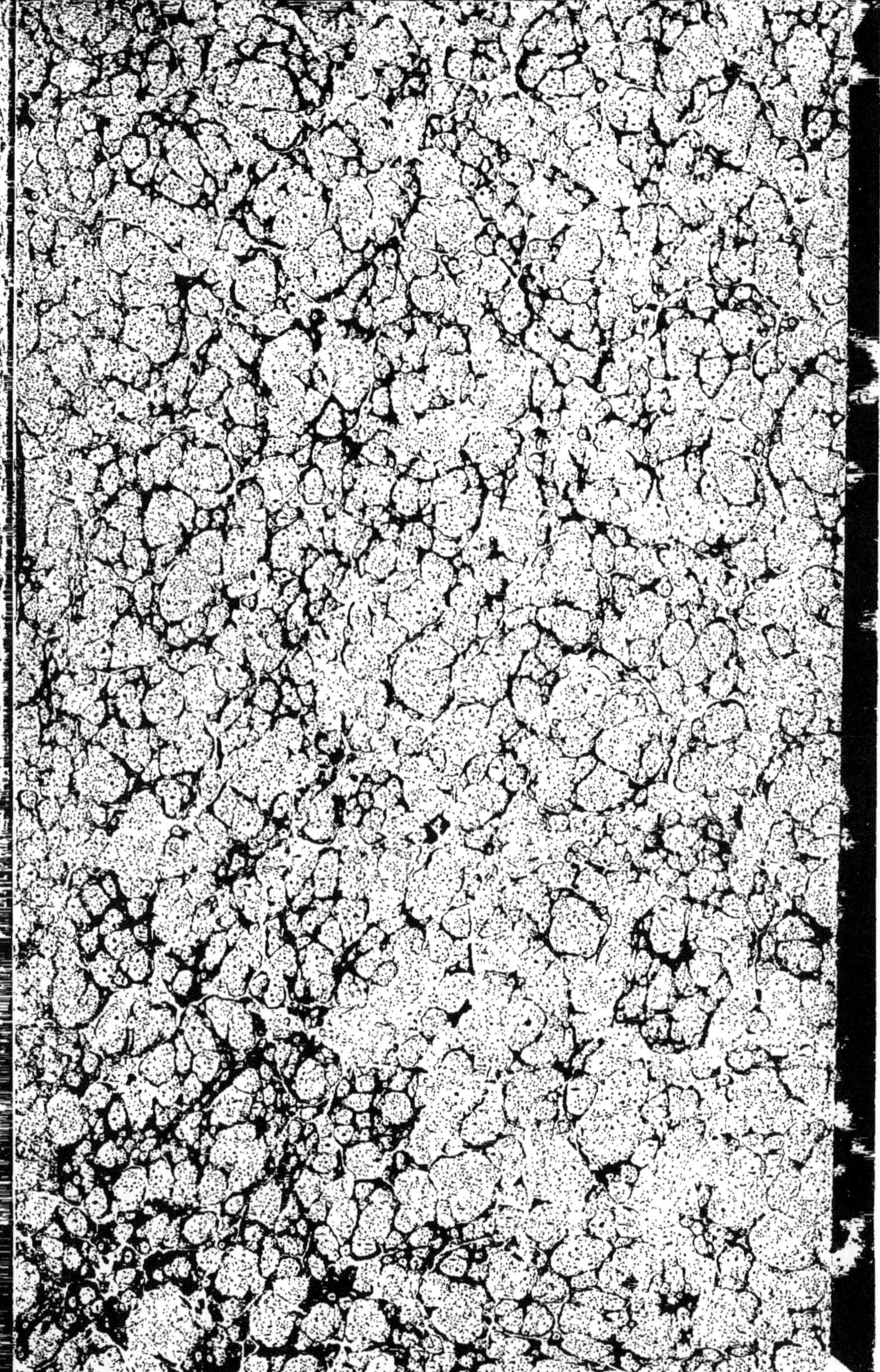

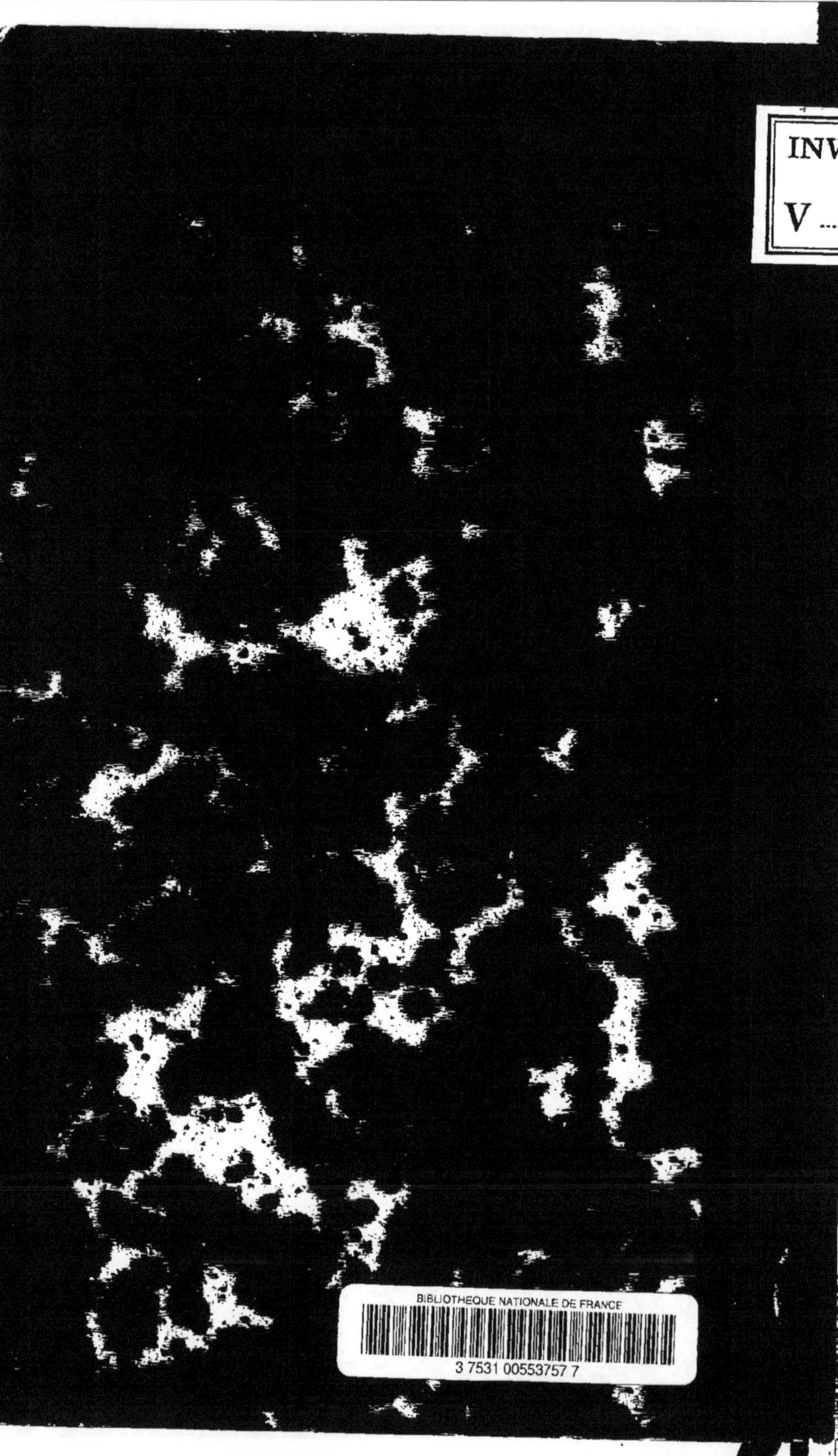